Mina Kumari

Inovações que mudaram o mundo

Mina Kumari

Inovações que mudaram o mundo

ScienciaScripts

Imprint

Cover image: www.ingimage.com

This book is a translation from the original published under ISBN 978-620-7-80720-8.

Publisher:
Sciencia Scripts
is a trademark of
Dodo Books Indian Ocean Ltd. and OmniScriptum S.R.L publishing group

120 High Road, East Finchley, London, N2 9ED, United Kingdom
Str. Armeneasca 28/1, office 1, Chisinau MD-2012, Republic of Moldova, Europe
Printed at: see last page
ISBN: 978-620-7-79258-0

Inovações que mudaram o mundo

Por

Dr. Mina Kumari

Universidade K.R. Mangalam, Sohna, Gurugram

Prefácio

o longo da história, a humanidade assistiu a uma miríade de inovações que transformaram fundamentalmente a forma como vivemos, trabalhamos e interagimos com o mundo que nos rodeia. Desde a descoberta do fogo até à revolução digital, cada inovação significativa abriu caminho a novas possibilidades, impulsionando a civilização humana. Este livro investiga algumas das inovações mais revolucionárias que mudaram o mundo, examinando as suas origens, impactos e as mentes visionárias por detrás delas.

A viagem através destas páginas levá-lo-á desde os tempos antigos até à era moderna, explorando a forma como cada inovação não só respondeu às necessidades do seu tempo, mas também lançou as bases para avanços futuros. Ao compreendermos estas inovações transformadoras, ficamos a conhecer o impulso incessante para o progresso que caracteriza a natureza humana e o potencial para futuras descobertas que podem moldar o nosso mundo para melhor.

Saudações calorosas,

Dr. Mina Kumari

Índice

Capítulo 1: A imprensa: Democratizar o conhecimento

Introdução

A invenção da imprensa por Johannes Gutenberg, em meados do século XV, é frequentemente considerada um dos marcos mais significativos da história da humanidade. Antes da sua criação, os livros eram meticulosamente copiados à mão, o que os tornava raros e caros. A imprensa de Gutenberg revolucionou a produção de livros, conduzindo a uma difusão sem precedentes de conhecimentos e ideias.

O nascimento da imprensa escrita

Contexto histórico

Antes da invenção da imprensa, a Europa encontrava-se num período conhecido como o final da Idade Média, caracterizado por uma população maioritariamente analfabeta, acesso limitado aos livros e controlo do conhecimento pela elite. Os manuscritos eram produzidos por escribas em mosteiros, um processo de trabalho intensivo que tornava os livros caros e raros.

Johannes Gutenberg

Johannes Gutenberg, um ferreiro, ourives, impressor e editor alemão, nasceu por volta de 1400 em Mainz, na Alemanha. Com base nas suas competências em metalurgia, Gutenberg concebeu um método para criar tipos móveis utilizando letras individuais de metal que podiam ser organizadas para formar palavras, frases e páginas. Esta inovação foi combinada com uma prensa de parafuso adaptada da produção de vinho.

Inovações técnicas

A prensa de Gutenberg incluía várias inovações importantes:

- **Tipo móvel:** Caracteres individuais feitos de metal que podem ser reutilizados.
- **Tinta à base de óleo:** Mais durável do que as tintas à base de água utilizadas anteriormente.
- **Prensa de madeira para impressão:** Adaptada das prensas de parafuso existentes, aplica uma pressão uniforme.

A combinação destas tecnologias permitiu a produção em massa de livros, reduzindo significativamente o custo e o tempo necessários para os produzir.

Impacto na sociedade

Difusão do conhecimento

A imprensa aumentou drasticamente a disponibilidade de livros, o que teve um impacto profundo na literacia e na educação. À medida que os livros se tornaram mais acessíveis, mais pessoas aprenderam a ler, o que levou a um aumento das taxas de literacia em toda a Europa. A difusão de materiais impressos facilitou a disseminação de novas ideias, contribuindo para movimentos culturais e intelectuais significativos.

A Reforma

Um dos impactos mais notáveis da imprensa foi o seu papel na Reforma Protestante. As 95 Teses de Martinho Lutero, que criticavam as práticas da Igreja Católica, foram amplamente distribuídas graças à imprensa. Este facto permitiu que as suas ideias chegassem rapidamente a um vasto público, desafiando a autoridade da Igreja e conduzindo a uma grande agitação religiosa e social.

Avanços científicos

A imprensa também desempenhou um papel crucial na Revolução Científica. Os estudiosos puderam partilhar mais facilmente as suas descobertas e desenvolver o trabalho uns dos outros. Textos científicos importantes, como "De revolutionibus orbium coelestium" (Sobre as Revoluções das Esferas Celestes) de Nicolau Copérnico, foram amplamente divulgados, promovendo novas ideias científicas e incentivando a investigação.

Renascimento cultural e científico

Humanismo Renascentista

A imprensa contribuiu para a difusão do humanismo renascentista, um movimento cultural e intelectual que enfatizava o estudo de textos clássicos, o valor do indivíduo e a busca do conhecimento. Ao tornar as obras clássicas mais acessíveis, a imprensa ajudou a reavivar o interesse pela literatura, filosofia e ciência grega e romana antigas.

Realizações artísticas e literárias

A maior disponibilidade de materiais impressos também estimulou a criatividade na literatura e nas artes. Escritores como William Shakespeare e Miguel de Cervantes alcançaram um público mais vasto, e a normalização dos textos ajudou a preservar e a divulgar obras artísticas. A imprensa também facilitou a produção de livros ilustrados, melhorando as artes visuais e tornando-as mais acessíveis.

Educação e literacia

A democratização do conhecimento teve um impacto significativo na educação. As escolas e as universidades alargaram os seus currículos de modo a incluírem um leque mais vasto de disciplinas e a disponibilidade de manuais escolares melhorou a qualidade do ensino. As taxas de literacia aumentaram, dando origem a uma população mais informada e instruída, capaz de pensar criticamente e de inovar.

Conclusão

A imprensa transformou fundamentalmente a forma como a informação era partilhada e consumida. O seu impacto na educação, na religião e no progresso científico não pode ser sobrestimado. Ao democratizar o conhecimento, a imprensa lançou as bases para as conquistas intelectuais e culturais do mundo moderno.

O legado da invenção de Gutenberg é evidente na forma como produzimos e consumimos informação atualmente. Desde a Renascença até à Era da Informação, a imprensa pôs em marcha uma cadeia de acontecimentos que continuam a influenciar o nosso mundo, sublinhando o poder da inovação para impulsionar a mudança social.

Capítulo 2: O motor a vapor: Impulsionando a Revolução Industrial

Introdução

A máquina a vapor é frequentemente considerada a força motriz da Revolução Industrial, um período de profundas mudanças económicas e sociais que teve início no final do século XVIII. O desenvolvimento da máquina a vapor permitiu a mecanização da indústria e dos transportes, revolucionando os processos de produção e a circulação de bens e pessoas.

Primeiros desenvolvimentos

Conceitos antigos e primeiras experiências

O conceito de aproveitamento da energia do vapor remonta à antiguidade. Herói de Alexandria, um engenheiro e matemático grego, descreveu um dispositivo simples movido a vapor chamado aeolipile no século I d.C. No entanto, estas primeiras experiências não conduziram a aplicações práticas.

Thomas Savery e a primeira bomba a vapor

Em 1698, Thomas Savery, um engenheiro inglês, patenteou a primeira bomba prática movida a vapor, a que chamou "Miner's Friend". O dispositivo de Savery utilizava o vapor para criar um vácuo que extraía água das minas. No entanto, a sua eficiência e capacidade eram limitadas, principalmente devido à elevada pressão necessária, que conduzia frequentemente a explosões.

Thomas Newcomen e o motor atmosférico

A descoberta de Newcomen

Em 1712, Thomas Newcomen, um ferreiro inglês, desenvolveu um motor a vapor atmosférico que melhorou bastante o projeto de Savery. O motor de Newcomen utilizava a pressão atmosférica para mover um pistão, que por sua vez accionava uma bomba. Este motor era mais seguro e fiável, tornando-o adequado para uma utilização generalizada na drenagem da água das minas de carvão.

Mecanismo e funcionamento

O motor de Newcomen funcionava através da condensação de vapor no interior de um cilindro, criando um vácuo que permitia à pressão atmosférica empurrar um pistão para baixo. O pistão estava ligado a uma viga, que accionava a bomba. O ciclo era repetido, proporcionando uma ação de bombagem contínua.

James Watt e a máquina a vapor

Inovações da Watt

James Watt, um inventor e engenheiro mecânico escocês, introduziu melhorias significativas no projeto de Newcomen em meados do século XVIII. Em 1765, Watt introduziu um condensador separado, que aumentou significativamente a eficiência da máquina a vapor, permitindo-lhe funcionar continuamente sem necessidade de reaquecer o cilindro.

Parceria com Matthew Boulton

A parceria de Watt com Matthew Boulton, um fabricante inglês, em 1775, foi crucial para a adoção generalizada do motor a vapor aperfeiçoado. Boulton e Watt estabeleceram uma fábrica em Birmingham, onde produziram e venderam motores a vapor a várias indústrias, incluindo a mineira, a têxtil e a transformadora.

Transformar a indústria e os transportes

Mecanização da indústria

O impacto da máquina a vapor na indústria foi transformador. As fábricas movidas por motores a vapor podiam operar máquinas de forma mais eficiente e em maior escala do que nunca. Esta mecanização levou a um aumento da produção, a custos mais baixos e ao crescimento de indústrias como os têxteis, o ferro e o aço.

Transporte a vapor

O desenvolvimento de locomotivas e navios movidos a vapor revolucionou os transportes. Em 1804, Richard Trevithick construiu a primeira locomotiva a vapor, que abriu caminho para o desenvolvimento dos caminhos-de-ferro. O "Rocket" de George Stephenson, lançado em 1829, demonstrou a praticidade e a eficiência do transporte ferroviário a vapor.

Os navios a vapor, como o "Clermont" de Robert Fulton, lançado em 1807, permitiram uma circulação mais rápida e fiável de bens e pessoas através dos mares e rios. Este avanço facilitou o comércio e a exploração internacionais, ligando partes distantes do mundo de forma mais eficaz.

Impactos sociais

Urbanização e mudança social

A Revolução Industrial provocou mudanças sociais significativas. A procura de mão de obra fabril levou à migração em massa das zonas rurais para os centros urbanos, resultando numa rápida urbanização. As cidades cresceram rapidamente, muitas vezes sem infra-estruturas adequadas, o que levou a condições de vida sobrelotadas e insalubres para muitos trabalhadores.

Crescimento económico e nível de vida

O aumento da produção e da disponibilidade de bens melhorou o nível de vida de muitas pessoas, uma vez que uma maior variedade de produtos se tornou acessível a um segmento mais alargado da população. No entanto, os benefícios da industrialização não foram distribuídos de forma homogénea, e muitos trabalhadores enfrentaram longas horas de trabalho, salários baixos e condições de trabalho perigosas.

Impacto ambiental

A utilização generalizada de máquinas a vapor teve também impactos ambientais significativos. A queima de carvão para alimentar as máquinas a vapor contribuiu para a poluição atmosférica e a degradação ambiental. A Revolução Industrial marcou o início de um período de aumento das emissões de carbono, que continuam a ter impacto no clima global atualmente.

Conclusão

A máquina a vapor foi um catalisador da Revolução Industrial, transformando indústrias e sociedades. O seu legado é evidente na paisagem industrial e nas redes de transportes do mundo moderno, realçando o profundo impacto desta inovação pioneira.

Ao permitir a mecanização e o transporte eficiente, a máquina a vapor lançou as bases para o rápido crescimento económico e os avanços tecnológicos que caracterizaram os séculos XIX e XX. A história da máquina a vapor sublinha o poder transformador da inovação e a sua capacidade de remodelar o mundo.

Capítulo 3: O telefone: Revolucionando a comunicação

Introdução

A invenção do telefone por Alexander Graham Bell em 1876 marcou um ponto de viragem na comunicação humana. Pela primeira vez, as pessoas podiam comunicar instantaneamente a longas distâncias, alterando fundamentalmente a forma como nos relacionamos uns com os outros e fazemos negócios.

O caminho para a invenção

Tecnologias de comunicação precoce

Antes do advento do telefone, a comunicação a longa distância era incómoda e lenta. As mensagens escritas enviadas através de correios, navios e, mais tarde, serviços postais, levavam um tempo considerável para serem entregues. O telégrafo semafórico, desenvolvido no final do século XVIII, permitia a sinalização visual a longas distâncias, utilizando torres com braços móveis. No entanto, este sistema era limitado pelas condições climatéricas e pela visibilidade.

O telégrafo, inventado por Samuel Morse na década de 1830, representou um avanço significativo. Permitiu a transmissão de mensagens codificadas utilizando sinais eléctricos através de fios, reduzindo drasticamente os tempos de comunicação. O código Morse, um sistema de pontos e traços, foi utilizado para codificar o texto. Apesar das suas vantagens, o telégrafo exigia operadores qualificados para codificar e descodificar mensagens e não podia transmitir voz, limitando a sua utilização à comunicação baseada em texto.

Historial de Alexander Graham Bell

Alexander Graham Bell nasceu a 3 de março de 1847, em Edimburgo, na Escócia, no seio de uma família com um forte interesse pela fala e pela elocução. O seu pai, Alexander Melville Bell, era um especialista em fonética e desenvolveu o Visible Speech, um sistema de símbolos que representava os sons da fala. A mãe de Bell, Eliza Grace Symonds Bell, era surda, e sua esposa, Mabel Gardiner Hubbard, também tinha perda auditiva. Estas ligações pessoais influenciaram profundamente a carreira de Bell e alimentaram a sua paixão por melhorar a comunicação para os surdos.

O início da educação e da carreira de Bell foi marcado pelo seu fascínio pelo som e pela fala. Estudou na Universidade de Edimburgo e na University College London, concentrando-se na anatomia e fisiologia relacionadas com a fala. Em 1870, a família de Bell mudou-se para o Canadá e, pouco tempo depois, assumiu um cargo de professor em Boston, onde ensinou alunos surdos utilizando o sistema de fala visível do seu pai. O seu trabalho com a comunidade surda aprofundou ainda mais a sua compreensão do som e da comunicação.

A busca pela transmissão de voz

O interesse de Bell pela transmissão eléctrica do som foi parcialmente inspirado pelas suas experiências com o telégrafo harmónico, um dispositivo que podia enviar várias mensagens telegráficas simultaneamente através de um único fio, utilizando frequências diferentes. Bell acreditava que se conseguisse reproduzir eletricamente as complexas vibrações da voz humana, seria possível transmitir a fala.

Trabalhando com o seu assistente, Thomas Watson, um eletricista experiente, Bell realizou várias experiências para atingir este objetivo. As experiências centraram-se na conversão de ondas sonoras em sinais eléctricos e, em seguida, de novo em ondas sonoras na extremidade recetora. Para tal, era necessário um dispositivo capaz de converter as vibrações mecânicas do som em impulsos eléctricos e outro para inverter o processo.

A primeira descoberta

A descoberta ocorreu a 2 de junho de 1875, durante uma experiência com um aparelho a que chamaram "telefone de forca", assim designado devido à sua estrutura semelhante a uma forca. Watson acidentalmente dedilhou uma palheta, criando um som distinto que Bell ouviu claramente através do fio. Isto demonstrou que era possível transmitir eletricamente sons reconhecíveis, o que os aproximou um pouco mais da transmissão de voz.

Encorajados por este êxito, Bell e Watson aperfeiçoaram o seu projeto. Desenvolveram um transmissor constituído por um diafragma e um eletroíman, que podia converter as vibrações sonoras em sinais eléctricos. O recetor era um dispositivo semelhante, capaz de converter os sinais eléctricos novamente em vibrações sonoras.

A corrida às patentes

Em meados da década de 1870, Bell não era o único inventor a trabalhar na transmissão de voz. Elisha Gray, um engenheiro elétrico americano e cofundador da Western Electric Manufacturing Company, também estava a desenvolver um telefone. Em 14 de fevereiro de 1876, tanto Bell como Gray apresentaram pedidos de patente para os seus respectivos dispositivos. O pedido de Bell foi apresentado apenas algumas horas antes do de Gray, dando origem a uma controvérsia histórica e a uma batalha de patentes.

A patente de Bell, concedida em 7 de março de 1876, abrangia "o método e o aparelho para transmitir sons vocais ou outros sons telegraficamente... provocando ondulações eléctricas, semelhantes em forma às vibrações do ar que acompanham o referido som vocal ou outro". Esta definição alargada deu a Bell uma vantagem significativa, uma vez que englobava vários métodos de transmissão de voz.

A primeira chamada telefónica

Três dias depois de receber a patente, em 10 de março de 1876, Bell fez a primeira chamada telefónica bem sucedida para Watson, que estava noutra sala. As famosas palavras de Bell, "Sr. Watson, venha cá, quero falar consigo", marcaram o início de uma nova era na comunicação. Esta demonstração demonstrou o potencial do telefone para revolucionar a forma como as pessoas comunicavam.

O rescaldo da batalha das patentes

A batalha de patentes entre Bell e Gray continuou durante vários anos, com Gray e outros inventores a contestarem a patente de Bell. Apesar destas contestações, a patente de Bell manteve-se em tribunal e a Bell Telephone Company, criada em 1877, expandiu rapidamente as suas operações, ligando empresas e residências em todos os Estados Unidos e não só.

Conclusão

O caminho para a invenção do telefone foi marcado por uma intensa competição, paixão pessoal e um profundo conhecimento do som e da comunicação. O passado e as experiências de Alexander Graham Bell posicionaram-no de forma única para perseguir o sonho da transmissão de voz. A sua parceria com Thomas Watson, aliada à sua abordagem inovadora para resolver desafios técnicos, levou à criação do primeiro telefone prático.

A invenção do telefone revolucionou a comunicação, transformando as relações pessoais, as operações comerciais e a resposta a emergências. O trabalho de Bell lançou as bases do moderno sector das telecomunicações, realçando o profundo impacto da inovação na sociedade. O percurso do telefone, desde o conceito até à realidade, sublinha a importância da perseverança, da colaboração e da busca incessante do progresso face aos desafios.

Desenvolvimento inicial e demonstração

A primeira chamada telefónica

Em 10 de março de 1876, Bell fez a primeira chamada telefónica bem sucedida para o seu assistente, Thomas Watson, que se encontrava noutra sala. As famosas palavras de Bell, "Sr. Watson, venha cá, quero falar consigo", marcaram o início de uma nova era na comunicação. Esta demonstração demonstrou o potencial do telefone para revolucionar a comunicação.

Aperfeiçoar a tecnologia

Após o sucesso inicial, Bell e Watson continuaram a aperfeiçoar a tecnologia. Melhoraram a clareza e o alcance da voz transmitida, tornando o telefone mais prático para a utilização quotidiana. Bell também demonstrou o telefone na Exposição Centenária de Filadélfia, em 1876, conquistando grande interesse e apoio do público.

Expansão e adoção

A companhia telefónica Bell

Em 1877, Bell e os seus sócios fundaram a Bell Telephone Company para comercializar o telefone. A empresa começou a instalar linhas telefónicas nas principais cidades dos Estados Unidos, ligando empresas e residências. A rápida expansão das redes telefónicas marcou o início da adoção generalizada.

Superar os desafios

Os primeiros tempos da indústria telefónica não foram isentos de desafios. Era necessário resolver questões técnicas, como a interferência do sinal e o alcance limitado. Além disso, o elevado custo da instalação e do serviço limitou inicialmente o acesso aos ricos e às empresas. No entanto, as melhorias tecnológicas contínuas e as economias de escala acabaram por tornar o telefone mais económico e acessível ao público em geral.

Impacto na sociedade e nas empresas

Revolucionando a comunicação

O telefone revolucionou a comunicação, tornando-a instantânea e direta, quebrando as barreiras geográficas. As pessoas podiam agora falar umas com as outras em tempo real, independentemente da distância. Este imediatismo transformou as relações pessoais, permitindo que famílias e amigos se mantivessem ligados mesmo quando separados por grandes distâncias.

Transformar o negócio

O telefone teve um impacto profundo nas empresas. Permitiu a comunicação em tempo real entre as empresas e os seus clientes, fornecedores e parceiros, melhorando a coordenação e a tomada de decisões. A capacidade de realizar negócios por telefone também levou ao desenvolvimento de novos sectores e serviços, como o apoio ao cliente e o telemarketing.

Serviços de emergência

O telefone tornou-se uma ferramenta essencial para os serviços de emergência. A polícia, os bombeiros e o pessoal médico podiam responder mais rapidamente às emergências, salvando vidas e bens. A criação de números de emergência, como o 911 nos Estados Unidos, aumentou ainda mais a eficiência e a eficácia da resposta a emergências.

Avanços tecnológicos

O desenvolvimento do telefone não parou com a invenção inicial de Alexander Graham Bell. Nas décadas seguintes, vários avanços tecnológicos transformaram o telefone de um dispositivo de comunicação rudimentar numa parte integrante da vida quotidiana. Estas inovações resolveram as limitações iniciais, melhoraram a funcionalidade e abriram caminho para o panorama moderno das telecomunicações.

A central telefónica e o sistema de operadores

A necessidade de quadros eléctricos

Com a expansão das redes telefónicas, tornou-se impraticável ligar diretamente cada par de telefones com fios individuais. A solução foi a introdução da central telefónica, um sistema central que permitia a ligação de várias linhas telefónicas através de um único ponto. Esta inovação permitiu redes de comunicação mais eficientes e escaláveis.

Quadros eléctricos manuais

As primeiras centrais telefónicas eram operadas manualmente. Quando uma pessoa ligava para outra, pegava no auscultador e rodava uma manivela para dar sinal ao operador. O operador ligava então a pessoa que estava a telefonar ao interlocutor pretendido, ligando um cabo à tomada apropriada na central telefónica. Este sistema exigia uma força de trabalho significativa de operadores, predominantemente mulheres, que ficaram conhecidas como "hello girls" nos Estados Unidos.

Avanços na tecnologia de quadros eléctricos

Com o tempo, a tecnologia das centrais telefónicas melhorou, permitindo um tratamento mais eficiente das chamadas. As centrais telefónicas de maiores dimensões podiam tratar milhares de ligações e os operadores tornaram-se hábeis na gestão de grandes volumes de chamadas. Inovações como o "circuito de fios" permitiram aos operadores ligar as chamadas sem ter de as desligar e voltar a ligar de cada vez, simplificando ainda mais o processo.

Marcação rotativa e marcação direta

Introdução do seletor rotativo

O próximo grande avanço na tecnologia telefónica foi o mostrador rotativo, introduzido no início do século XX. O mostrador rotativo permitia aos utilizadores fazer chamadas diretamente sem a assistência de um operador. Ao rodar o seletor para selecionar cada dígito do número de telefone, os utilizadores podiam iniciar uma chamada através de um sistema de comutação automatizado.

Sistemas de comutação automatizados

Os sistemas de comutação automatizados, como o comutador Strowger, que recebeu o nome do seu inventor Almon Strowger, desempenharam um papel crucial no êxito da marcação direta. Estes sistemas utilizavam relés e selectores mecânicos para encaminhar as chamadas com base nos dígitos marcados pelo utilizador. Esta automatização reduziu a dependência de operadores humanos e aumentou a eficiência e a fiabilidade das redes telefónicas.

O nascimento das chamadas de longa distância

Ultrapassar a distância

Inicialmente, a comunicação telefónica estava limitada a curtas distâncias devido a limitações técnicas, como a degradação do sinal em fios longos. O desenvolvimento das chamadas de longa distância exigiu avanços significativos na amplificação e transmissão de sinais.

Desenvolvimento de Amplificadores e Repetidores

Os engenheiros desenvolveram amplificadores e repetidores electrónicos para aumentar a intensidade do sinal a longas distâncias. Os repetidores eram colocados em intervalos regulares ao longo das linhas telefónicas para regenerar e amplificar o sinal, permitindo-lhe viajar mais longe sem perder a nitidez. Esta tecnologia permitiu o estabelecimento de linhas telefónicas transcontinentais e internacionais.

A primeira chamada transcontinental

Em 1915, foi efectuada a primeira chamada telefónica transcontinental de Nova Iorque para São Francisco. Este acontecimento histórico demonstrou a viabilidade da comunicação de voz a longa distância e constituiu um marco significativo na expansão da rede telefónica.

Comunicação móvel e sem fios

Os primeiros telemóveis

O conceito de telefonia móvel surgiu em meados do século XX com o desenvolvimento dos radiotelefones, que utilizavam ondas de rádio para transmitir sinais de voz. Os primeiros telemóveis eram volumosos e caros, utilizados principalmente por empresas e agências governamentais.

O nascimento da tecnologia celular

A introdução da tecnologia celular na década de 1970 revolucionou a comunicação móvel. As redes celulares dividiram as áreas geográficas em células mais pequenas, cada uma servida por uma estação de base. Isto permitiu a reutilização eficiente de frequências e suportou um maior número de chamadas simultâneas.

A primeira chamada de telemóvel

Em 1973, Martin Cooper, um engenheiro da Motorola, fez a primeira chamada para um telemóvel portátil. Este facto marcou o início da revolução dos telemóveis. Os primeiros telemóveis disponíveis no mercado, introduzidos na década de 1980, eram grandes e dispendiosos, mas os rápidos avanços tecnológicos depressa os tornaram mais acessíveis e portáteis.

Telefonia digital e Internet

Transição para a telefonia digital

A transição da telefonia analógica para a digital no final do século XX trouxe melhorias significativas na qualidade, fiabilidade e segurança das chamadas. Os sinais digitais eram menos susceptíveis a ruídos e interferências, permitindo uma comunicação mais clara e segura.

Introdução ao VoIP

A tecnologia VoIP (Voice over Internet Protocol), que surgiu na década de 1990, permitiu a comunicação vocal através da Internet. A VoIP converteu os sinais de voz em pacotes de dados digitais, que podem ser transmitidos através da Internet e remontados na extremidade recetora. Esta tecnologia reduziu significativamente o custo das chamadas de longa distância e internacionais.

A ascensão dos smartphones

O advento dos smartphones no início do século XXI transformou o telefone num dispositivo multifuncional. Os smartphones combinaram a comunicação por voz com a conetividade à Internet, capacidades multimédia e uma vasta gama de aplicações. Esta convergência de tecnologias revolucionou a forma como as pessoas comunicam, acedem à informação e interagem com o mundo.

Conclusão

Os avanços tecnológicos na comunicação telefónica ao longo do último século foram notáveis. Desde os primórdios das centrais telefónicas manuais e dos mostradores rotativos até ao advento dos telemóveis, da telefonia digital e do VoIP, cada inovação foi construída sobre a anterior, conduzindo a ferramentas de comunicação cada vez mais sofisticadas e acessíveis.

O percurso do telefone, de um simples dispositivo de transmissão de voz a um complexo comunicador digital, reflecte o ritmo inexorável do progresso tecnológico. Estes avanços não só transformaram a comunicação pessoal e empresarial, como também desempenharam um papel fundamental na formação da sociedade, da economia e da cultura modernas. A história do telefone é um testemunho do engenho humano e do profundo impacto da inovação contínua no nosso mundo.

Conclusão

O telefone revolucionou a forma como comunicamos, promovendo ligações instantâneas a longas distâncias. O seu impacto na sociedade e nas empresas tem sido imenso, abrindo caminho para a era moderna da tecnologia de comunicação. Desde o seu humilde início no laboratório de Alexander Graham Bell até aos sofisticados sistemas de comunicação móveis e digitais de hoje, o telefone tem evoluído continuamente, remodelando o nosso mundo e permitindo novas possibilidades.

A história do telefone põe em evidência o poder da inovação para transformar as nossas vidas. Ao quebrar barreiras e aproximar as pessoas, o telefone deixou uma marca indelével na história da humanidade, demonstrando o profundo impacto dos avanços tecnológicos na sociedade. Ao olharmos para o futuro, os princípios de conetividade e comunicação instantânea estabelecidos pelo telefone continuarão a impulsionar o progresso e a inovação no cenário em constante evolução da tecnologia de comunicação.

Capítulo 4: A Internet: Ligar o mundo

Introdução

A invenção da Internet é uma das inovações mais transformadoras da história moderna. Revolucionou a comunicação, o comércio, a educação e o entretenimento, encolhendo efetivamente o mundo ao permitir o acesso instantâneo à informação e ao ligar pessoas de todo o globo. Este capítulo explora o desenvolvimento, o impacto e o futuro da Internet.

As origens da Internet

Conceitos e investigação iniciais

As origens da Internet remontam à década de 1960, quando os investigadores começaram a explorar formas de ligar computadores para partilhar informações de forma mais eficiente. Os principais conceitos e projectos que lançaram as bases da Internet incluem:

- Comutação de pacotes: Desenvolvida por Paul Baran e Donald Davies de forma independente, a comutação de pacotes é um método de dividir os dados em pacotes para transmissão através de uma rede. Esta tecnologia é fundamental para a capacidade da Internet de tratar grandes volumes de dados de forma eficiente.

- ARPANET: A Rede da Agência de Projectos de Investigação Avançada (ARPANET) foi financiada pelo Departamento de Defesa dos EUA no final da década de 1960. A ARPANET tinha como objetivo ligar instituições de investigação e facilitar a partilha de dados. Demonstrou com êxito a comutação de pacotes e tornou-se o protótipo de futuras redes.

Principais marcos

Vários marcos importantes no desenvolvimento da Internet incluem:

- 1969: A primeira mensagem ARPANET é enviada entre a UCLA e o Stanford Research Institute.

- 1971: Ray Tomlinson desenvolve o primeiro programa de correio eletrónico, utilizando o símbolo "@" para designar endereços de correio eletrónico.

- 1973: A ARPANET internacionaliza-se com ligações à Noruega e ao Reino Unido.

- 1983: A adoção do protocolo TCP/IP normaliza a comunicação entre diferentes redes, marcando o início da Internet moderna.

- 1989: Tim Berners-Lee propõe a World Wide Web, um sistema de documentos com hiperligações acedidos através da Internet.

A ascensão da World Wide Web

Desenvolvimento e impacto

A World Wide Web, inventada por Tim Berners-Lee em 1989, revolucionou a forma como as pessoas acediam e partilhavam informação. Os principais componentes da Web incluem:

- HTML (HyperText Markup Language): Uma linguagem utilizada para criar e formatar páginas Web.
- HTTP (HyperText Transfer Protocol): Um protocolo para a transferência de páginas Web através da Internet.
- Navegadores Web: Software que permite aos utilizadores acederem e navegarem na Web. Os primeiros navegadores, como o Mosaic (1993) e o Netscape Navigator (1994), popularizaram a utilização da Web.

A World Wide Web tornou a Internet acessível ao público em geral, transformando-a de uma ferramenta para investigadores e militares numa plataforma de comunicação global. Permitiu a criação de sítios Web, que se tornaram a base para serviços, empresas e comunidades em linha.

O boom e a falência da Dot-Com

A comercialização da Internet nos anos 90 conduziu ao boom das dot-com, caracterizado pelo rápido crescimento das empresas baseadas na Internet e pelo investimento especulativo em acções tecnológicas. Surgiram muitas empresas que prometiam produtos e serviços revolucionários. No entanto, no início da década de 2000, a bolha rebentou, levando ao colapso de muitas empresas dot-com. Apesar do fracasso, o período lançou as bases para a atual economia digital.

Transformar a comunicação e a sociedade

Correio eletrónico e mensagens instantâneas

O correio eletrónico, uma das primeiras aplicações da Internet, revolucionou a comunicação ao permitir mensagens instantâneas e assíncronas. Os serviços de mensagens instantâneas, como o ICQ, o AOL Instant Messenger e, mais tarde, as plataformas de redes sociais, transformaram ainda mais a forma como as pessoas interagem, permitindo a comunicação em tempo real baseada em texto.

Redes sociais

O surgimento de plataformas de redes sociais como o Facebook, o Twitter, o Instagram e o LinkedIn mudou radicalmente a forma como as pessoas se ligam, partilham informações e interagem com os conteúdos. As redes sociais tornaram-se um dos principais meios de comunicação, marketing e interação social, influenciando tudo, desde a política às relações pessoais.

Ferramentas de videoconferência e colaboração

As ferramentas de videoconferência como o Skype, o Zoom e o Microsoft Teams transformaram a comunicação empresarial e o trabalho remoto. Estas ferramentas permitem a realização de reuniões virtuais, webinars e ambientes de trabalho colaborativos, quebrando as barreiras geográficas e permitindo uma maior flexibilidade na organização do trabalho.

Impacto económico e comércio eletrónico

Mercados em linha

A Internet revolucionou o comércio ao permitir a criação de mercados em linha como a Amazon, o eBay e o Alibaba. Estas plataformas permitem aos consumidores adquirir bens e serviços em qualquer parte do mundo, proporcionando uma comodidade sem precedentes e acesso a um mercado global.

Pagamentos digitais

Os sistemas de pagamento digital, incluindo o processamento de cartões de crédito, a banca online e serviços como o PayPal e o Venmo, facilitaram o crescimento do comércio eletrónico, fornecendo opções de pagamento seguras e eficientes. Criptomoedas como o Bitcoin representam a mais recente inovação em pagamentos digitais, oferecendo transacções descentralizadas e seguras.

Economia Gig

A Internet deu origem à economia gig, caracterizada por contratos de curto prazo e trabalho freelance. Plataformas como Uber, Lyft e Fiverr conectam prestadores de serviços com clientes, transformando os modelos tradicionais de emprego e oferecendo novas oportunidades de geração de renda.

Educação e partilha de conhecimentos

Aprendizagem em linha

A Internet democratizou a educação ao permitir o acesso a grandes quantidades de informação e recursos de aprendizagem. Plataformas de aprendizagem em linha como a Khan Academy, Coursera e edX oferecem cursos das principais universidades e instituições, tornando a educação mais acessível a pessoas de todo o mundo.

Acesso aberto e repositórios de conhecimentos

Iniciativas como as revistas de acesso livre e as bibliotecas digitais tornaram a investigação académica e a literatura mais amplamente disponíveis. Plataformas como a Wikipédia proporcionam um espaço de colaboração para a partilha de conhecimentos, permitindo aos utilizadores contribuir e aceder a informações sobre praticamente qualquer tema.

Desafios e direcções futuras

Fosso digital

Apesar da disponibilidade generalizada da Internet, persiste uma clivagem digital, com disparidades significativas no acesso e na literacia digital entre diferentes regiões e grupos socioeconómicos.

Os esforços para colmatar esta lacuna incluem a expansão das infra-estruturas de banda larga, o fornecimento de dispositivos a preços acessíveis e a melhoria da educação digital.

Cibersegurança e privacidade

A proliferação da utilização da Internet suscitou preocupações quanto à cibersegurança e à privacidade. Os ciberataques, as violações de dados e a vigilância representam riscos significativos. O reforço das medidas de segurança, a proteção dos dados pessoais e o estabelecimento de regulamentação são fundamentais para enfrentar estes desafios.

Tecnologias emergentes

O futuro da Internet está a ser moldado por tecnologias emergentes como a inteligência artificial (IA), a Internet das Coisas (IoT) e as redes 5G. A IA pode melhorar as experiências dos utilizadores e automatizar tarefas, a IoT liga dispositivos do quotidiano à Internet e o 5G oferece uma conetividade mais rápida e fiável. Estas tecnologias prometem integrar ainda mais a Internet na vida quotidiana e impulsionar novas inovações.

Conclusão

A Internet teve um impacto profundo em todos os aspectos da vida moderna, transformando a comunicação, o comércio, a educação e o entretenimento. O seu desenvolvimento, de uma rede de investigação para uma plataforma global de troca de informações, sublinha o poder da inovação para impulsionar a mudança social.

Ao olharmos para o futuro, a evolução contínua da Internet apresentará tanto oportunidades como desafios. A garantia de um acesso equitativo, a proteção da privacidade e o aproveitamento das tecnologias emergentes serão cruciais para moldar a próxima fase de desenvolvimento da Internet. A história da Internet é um testemunho do engenho humano e da busca incessante de conetividade, destacando o poder transformador da tecnologia digital para ligar o mundo.

Capítulo 5: Inteligência Artificial: A próxima fronteira

Introdução

A Inteligência Artificial (IA) representa uma tecnologia transformadora que está a remodelar as indústrias, a sociedade e a nossa compreensão da própria inteligência. Este capítulo explora a evolução, as aplicações, os desafios e o futuro da IA à medida que esta continua a avançar para novas fronteiras.

A evolução da Inteligência Artificial

Fundamentos iniciais

O conceito de inteligência artificial remonta a civilizações antigas, onde mitos e histórias descreviam seres mecânicos com capacidades semelhantes às humanas. No entanto, a IA moderna surgiu em meados do século XX, influenciada pelos desenvolvimentos da matemática, da informática e da psicologia cognitiva.

Conferência de Dartmouth (1956)

O termo "inteligência artificial" foi cunhado na Conferência de Dartmouth em 1956, onde os investigadores se propuseram explorar a forma como as máquinas poderiam simular a inteligência humana. Este evento marcou o início da IA como um domínio de estudo distinto.

Investigação inicial em IA

A investigação inicial em IA centrava-se no raciocínio simbólico e na resolução de problemas. Os investigadores desenvolveram programas capazes de realizar tarefas como jogar xadrez (como o Deep Blue da IBM) e resolver puzzles lógicos. No entanto, estes sistemas eram limitados na sua capacidade de lidar com a incerteza e de aprender com a experiência.

Revolução da aprendizagem automática

Desenvolvimento da aprendizagem automática

A aprendizagem automática (ML) revolucionou a IA ao permitir que os sistemas aprendam com os dados e melhorem o desempenho ao longo do tempo sem programação explícita. Os principais desenvolvimentos incluem:

- Redes neurais: Inspiradas na estrutura do cérebro humano, as redes neuronais são modelos computacionais que aprendem a reconhecer padrões e a tomar decisões com base em dados de entrada. As primeiras redes neuronais eram limitadas pelo poder computacional, mas registaram um ressurgimento com os avanços no hardware e nos algoritmos.

- Aprendizagem estatística: Técnicas como a regressão, a classificação e o agrupamento permitiram às máquinas analisar grandes conjuntos de dados e extrair informações significativas.

Ascensão da aprendizagem profunda

A aprendizagem profunda, um subconjunto da aprendizagem automática, utiliza redes neuronais profundas com várias camadas para processar dados hierarquicamente. A aprendizagem profunda conseguiu avanços em áreas como o reconhecimento de imagens, o processamento de linguagem natural (PNL) e os sistemas autónomos. Os exemplos incluem o AlphaGo da Google e modelos de linguagem como o GPT (Generative Pre-trained Transformer).

Aplicações da Inteligência Artificial

Processamento de linguagem natural (PNL)

A PNL permite às máquinas compreender, interpretar e gerar linguagem humana. As aplicações incluem assistentes virtuais (por exemplo, Siri, Alexa), tradução de línguas (por exemplo, Google Translate) e análise de sentimentos (por exemplo, monitorização de redes sociais).

Visão computacional

A visão computacional permite que as máquinas interpretem informações visuais do ambiente. As aplicações incluem o reconhecimento facial, a deteção de objectos (por exemplo, carros autónomos), a análise de imagens médicas e os sistemas de vigilância.

Robótica e sistemas autónomos

Os robôs e os sistemas autónomos alimentados por IA podem executar tarefas de forma autónoma ou com uma intervenção humana mínima. Os exemplos incluem robôs industriais, drones e veículos autónomos (por exemplo, os carros autónomos da Tesla).

Cuidados de saúde e medicina

A IA está a transformar os cuidados de saúde através de aplicações como o diagnóstico médico (por exemplo, análise de imagens em radiologia), recomendações de tratamento personalizado, descoberta de medicamentos e genómica.

Finanças e negócios

Nas finanças, a IA é utilizada para negociação algorítmica, deteção de fraudes, avaliação de riscos e automatização do serviço ao cliente. Nas empresas, as aplicações de IA vão desde a otimização da cadeia de abastecimento à análise preditiva e à gestão das relações com os clientes (CRM).

Educação e aprendizagem

As tecnologias de IA estão a melhorar a educação através de plataformas de aprendizagem personalizadas, sistemas de tutoria adaptativos e criação de conteúdos educativos. As ferramentas baseadas em IA ajudam os educadores a analisar o desempenho dos alunos e a adaptar as experiências de aprendizagem.

Desafios e considerações éticas

Preconceito e equidade

Os sistemas de IA podem perpetuar os enviesamentos presentes nos dados de treino, conduzindo a resultados injustos ou discriminatórios. A resolução dos enviesamentos exige uma seleção cuidadosa dos dados, a conceção de algoritmos e uma monitorização contínua.

Transparência e responsabilidade

A complexidade dos algoritmos de IA, nomeadamente no domínio da aprendizagem profunda, pode dificultar a sua interpretação (problema da "caixa negra"). Garantir a transparência e a responsabilização é crucial para compreender as decisões da IA e corrigir erros ou enviesamentos.

Privacidade e segurança

Os sistemas de IA dependem frequentemente de grandes quantidades de dados pessoais, o que suscita preocupações quanto à privacidade e à segurança dos dados. Medidas robustas de proteção de dados, cifragem e consentimento do utilizador são essenciais para salvaguardar os direitos dos indivíduos.

Deslocação de postos de trabalho e impacto económico

A automatização da IA tem o potencial de perturbar os mercados de trabalho, deslocando empregos e criando novas oportunidades. Para fazer face ao impacto socioeconómico da IA são necessárias estratégias de requalificação da mão de obra, de criação de emprego e de distribuição equitativa dos benefícios.

Direcções futuras da Inteligência Artificial

Avanços na investigação em IA

IA explicável

Está em curso investigação para desenvolver sistemas de IA que possam explicar as suas decisões e processos de raciocínio em termos compreensíveis. A IA explicável (XAI) tem por objetivo aumentar a transparência, a responsabilidade e a confiança nas aplicações de IA.

IA e criatividade

A IA está a ser cada vez mais utilizada para aumentar a criatividade humana em domínios como a arte, a composição musical e a literatura. Os modelos de IA generativa podem criar obras originais com base em padrões e estilos aprendidos.

Computação quântica e IA

A computação quântica promete acelerar a investigação em IA, permitindo uma computação mais rápida de algoritmos complexos de IA. Os algoritmos de IA quântica poderão conduzir a avanços nas tarefas de otimização, simulação e aprendizagem automática.

Desenvolvimento ético da IA

Governação e regulamentação da IA

Estão em curso esforços para desenvolver quadros e orientações para a governação e regulamentação da IA. A colaboração internacional é essencial para estabelecer normas para a ética, a segurança e a implantação responsável da IA.

IA centrada no ser humano

A conceção de sistemas de IA que dêem prioridade ao bem-estar e aos valores humanos exige uma colaboração interdisciplinar em domínios como a ética, a psicologia e a sociologia. A IA centrada no ser humano centra-se no reforço das capacidades humanas e na resposta às necessidades da sociedade.

Integrar a IA com outras tecnologias

IA e Internet das Coisas (IoT)

A combinação da IA com a IoT permite sistemas inteligentes que podem recolher, analisar e atuar autonomamente sobre dados de dispositivos ligados. As aplicações incluem cidades inteligentes, monitorização ambiental e automação industrial.

IA e inovações nos cuidados de saúde

As inovações impulsionadas pela IA nos cuidados de saúde incluem a medicina personalizada, a monitorização remota de doentes e a cirurgia assistida por IA. A integração da IA com dispositivos médicos e registos de saúde electrónicos melhora a precisão do diagnóstico e os resultados do tratamento.

Conclusão

A Inteligência Artificial representa uma fronteira tecnológica profunda com um vasto potencial de impacto em quase todos os aspectos da sociedade humana. Desde as suas origens no raciocínio simbólico até ao surgimento da aprendizagem automática e da aprendizagem profunda, a IA evoluiu rapidamente, impulsionando inovações nos sectores da saúde, finanças, educação e outros.

À medida que a IA continua a avançar, será crucial enfrentar desafios como a parcialidade, a transparência e as considerações éticas. O futuro da IA promete ser transformador, com oportunidades para melhorar as capacidades humanas, resolver problemas complexos e moldar um mundo mais interligado e inteligente. A adoção de um desenvolvimento responsável da IA e de princípios éticos será essencial para tirar o máximo partido desta poderosa tecnologia, assegurando ao mesmo tempo que serve os interesses mais amplos da humanidade.

Capítulo 6: A roda: Revolucionando o transporte e a indústria

Introdução

A invenção da roda marca um avanço fundamental na história da humanidade, revolucionando os transportes, a agricultura e a indústria. Este capítulo explora as origens, o desenvolvimento e o impacto da roda nas civilizações antigas e o seu legado duradouro na sociedade moderna.

Origens e primeiras utilizações

Origens mesopotâmicas e eurasiáticas

A roda apareceu pela primeira vez na Mesopotâmia por volta de 3500 a.C., inicialmente como rodas de cerâmica e, mais tarde, como dispositivos de transporte. Na Eurásia, os veículos com rodas surgiram de forma independente em regiões como o Cáucaso e a Ásia Central, facilitando o comércio e o intercâmbio cultural.

Evolução da tecnologia das rodas

Desde os discos de madeira maciça até às rodas com raios, os avanços tecnológicos aperfeiçoaram o design das rodas, melhorando a sua durabilidade, velocidade e eficiência. As rodas com raios, desenvolvidas por volta de 2000 a.C., reduziram o peso e permitiram viagens mais suaves, melhorando o desempenho de carruagens e carroças.

Impacto nos transportes e no comércio

Carruagens e guerra

As carruagens com rodas revolucionaram a guerra antiga, proporcionando vantagens militares em termos de velocidade, capacidade de manobra e poder de fogo. Civilizações como os egípcios, assírios e hititas utilizavam carruagens em batalha, moldando as tácticas militares e as conquistas.

Comércio e indústria

A roda facilitou o comércio a longa distância, permitindo o transporte de mercadorias por terra. Rotas comerciais como a Rota da Seda ligavam civilizações da China ao Mediterrâneo, promovendo o intercâmbio cultural, o crescimento económico e a difusão de ideias.

Revolução Agrícola e Industrial

Implementos agrícolas

Os arados e as carroças com rodas transformaram a agricultura, aumentando a produtividade e permitindo o cultivo de áreas maiores. A introdução de jantes e eixos de ferro reforçou as rodas, suportando cargas mais pesadas e facilitando a expansão agrícola.

Aplicações industriais

Durante a Revolução Industrial, a roda accionou máquinas em fábricas têxteis, fábricas e redes de transporte. As locomotivas a vapor e os navios a vapor utilizaram rodas para impulsionar a industrialização e o comércio global.

Aplicações antigas e modernas

Transporte moderno

A roda continua a ser essencial nos transportes modernos, desde os automóveis e bicicletas aos aviões e naves espaciais. As inovações na tecnologia dos pneus, na ciência dos materiais e na engenharia continuam a melhorar o desempenho, a segurança e a eficiência.

Significado cultural e simbólico

Para além das suas aplicações práticas, a roda tem um significado cultural e simbólico em todo o mundo. Representa o progresso, a continuidade e a interligação dos esforços humanos, inspirando a arte, a literatura e a reflexão filosófica.

Conclusão

A invenção da roda exemplifica o engenho e a inovação humanos, impulsionando as sociedades e moldando o curso da história. A sua evolução desde os tempos antigos até aos dias de hoje sublinha o impacto duradouro dos avanços tecnológicos nos transportes, na indústria e na conetividade global.

Capítulo 7: Eletricidade: Alimentando a Era Moderna

Introdução

A eletricidade é a força vital da civilização moderna, revolucionando a indústria, a comunicação e a vida quotidiana. Este capítulo explora a descoberta, o desenvolvimento e o impacto transformador da eletricidade na sociedade humana, desde as experiências antigas até à era digital.

Primeiras descobertas e experiências

Observações antigas

As civilizações antigas, incluindo os gregos e os egípcios, observaram fenómenos de eletricidade estática, como o âmbar a atrair objectos leves. Estas observações iniciais lançaram as bases para a compreensão das propriedades eléctricas e dos fenómenos naturais.

Pioneiros científicos

Nos séculos XVII e XVIII, cientistas como Benjamin Franklin, Alessandro Volta e Michael Faraday realizaram experiências inovadoras sobre eletricidade e magnetismo. A experiência do papagaio de Franklin e a invenção da pilha por Volta contribuíram para a compreensão da carga eléctrica e do fluxo de corrente.

Aproveitamento da eletricidade

Invenção da pilha eléctrica

A invenção da pilha voltaica por Alessandro Volta, em 1800, constituiu um marco significativo na produção de eletricidade. A pilha voltaica foi a primeira bateria eléctrica prática, capaz de produzir uma corrente eléctrica contínua. Esta invenção lançou as bases para os futuros desenvolvimentos da energia eléctrica.

Desenvolvimento de geradores eléctricos

No século XIX, as experiências de Michael Faraday com o eletromagnetismo conduziram ao desenvolvimento de geradores e motores eléctricos. A lei da indução electromagnética de Faraday demonstrou a conversão de energia mecânica em energia eléctrica, abrindo caminho para a produção de energia.

Eletrificação da sociedade

Candidaturas antecipadas

O século XIX e o início do século XX assistiram à rápida adoção da eletricidade para iluminação, aquecimento e processos industriais. O desenvolvimento da prática lâmpada incandescente por Thomas Edison e o sistema de corrente alternada (CA) de Nikola Tesla revolucionaram as infra-estruturas públicas e o desenvolvimento urbano.

Impacto na indústria e no comércio

A eletricidade impulsionou a Revolução Industrial, permitindo a produção em massa, linhas de montagem e fábricas mecanizadas. Indústrias como a siderurgia, os têxteis e os transportes beneficiaram dos motores eléctricos e da maquinaria, aumentando a produtividade e o crescimento económico.

Sistemas eléctricos modernos

Redes e distribuição de energia

A criação de redes eléctricas facilitou a distribuição de eletricidade a longas distâncias. A transmissão de energia eléctrica em corrente alternada, defendida por engenheiros como George Westinghouse e Tesla, permitiu o transporte eficiente de eletricidade das centrais eléctricas para as casas e empresas.

Avanços tecnológicos

Os avanços na engenharia eléctrica, na ciência dos materiais e na tecnologia dos semicondutores conduziram à miniaturização, à melhoria da eficiência e ao desenvolvimento de dispositivos electrónicos. Os circuitos integrados, os transístores e as tecnologias baseadas no silício constituem a base da eletrónica e da computação modernas.

A eletricidade na era digital

Tecnologias da informação e da comunicação

A eletricidade alimenta as redes de telecomunicações, os satélites e a infraestrutura da Internet, permitindo a conetividade global e a comunicação digital. A revolução digital transformou os meios de comunicação, o comércio e as interacções sociais, criando novas oportunidades e desafios.

Energias renováveis e sustentabilidade

A mudança para fontes de energia renováveis, como a energia solar, eólica e hidroelétrica, reflecte os esforços para reduzir o impacto ambiental e combater as alterações climáticas. As inovações no armazenamento de energia e na integração na rede estão a fazer avançar a produção e distribuição sustentáveis de eletricidade.

Tendências e inovações futuras

Redes inteligentes e eficiência energética

As tecnologias de redes inteligentes integram comunicações digitais e sensores avançados para otimizar a distribuição de energia, melhorar a fiabilidade e apoiar a integração das energias renováveis. As tecnologias energeticamente eficientes e os aparelhos inteligentes permitem aos consumidores gerir a utilização da eletricidade e reduzir os custos.

Para além da eletricidade: Tecnologias Quânticas e Bioeléctricas

As tecnologias emergentes, como a computação quântica e os sistemas bioeléctricos, são promissoras para aumentar a eficiência energética, a capacidade de computação e os diagnósticos médicos. Os computadores quânticos podem revolucionar o processamento de dados, enquanto as tecnologias bioeléctricas podem oferecer novos tratamentos para doenças neurológicas.

Conclusão

A eletricidade transformou a civilização humana, impulsionando a inovação, a indústria e a conetividade global. Das experiências antigas às tecnologias modernas, a evolução da eletricidade ilustra o impacto da descoberta científica e da inovação tecnológica no desenvolvimento e progresso da sociedade.

Capítulo 8: O motor de combustão interna: Revolucionando o Transporte e a Indústria

Introdução

O motor de combustão interna (ICE) é a pedra angular dos transportes e da indústria modernos, impulsionando o crescimento económico e a transformação da sociedade. Este capítulo explora as origens, o desenvolvimento e o profundo impacto do ICE na mobilidade global, no fabrico e no consumo de energia.

Origens e desenvolvimento inicial

Os primeiros inovadores

O desenvolvimento do motor de combustão interna remonta ao século XIX, com inventores como Nikolaus Otto, Gottlieb Daimler e Karl Benz a serem pioneiros nos primeiros protótipos. O motor a quatro tempos de Otto e o primeiro automóvel a gasolina de Daimler lançaram as bases para a produção em massa de veículos e aplicações industriais.

Evolução das concepções de motores

Os avanços na engenharia e metalurgia permitiram o aperfeiçoamento dos componentes do motor, como pistões, cilindros e cambotas. As inovações na injeção de combustível, nos sistemas de ignição e nos sistemas de arrefecimento do motor melhoraram a eficiência, a fiabilidade e o desempenho em várias aplicações.

Impacto nos transportes

Revolução automóvel

A produção em massa de automóveis por empresas como a Ford e a General Motors no início do século XX democratizou a mobilidade pessoal, transformando as viagens, o comércio e o desenvolvimento urbano. Os automóveis tornaram-se símbolos de liberdade, estatuto e identidade cultural em sociedades de todo o mundo.

Aviação e aeroespacial

O desenvolvimento de aeronaves movidas por motores de combustão interna revolucionou o transporte aéreo, permitindo a conetividade global, as operações militares e a exploração científica. Os motores a jato, os turbofans e os foguetões impulsionaram os avanços na tecnologia aeroespacial e na exploração espacial.

Aplicações industriais

Indústria transformadora e agricultura

Os motores de combustão interna accionavam máquinas em fábricas, estaleiros de construção e operações agrícolas, aumentando a produtividade e a eficiência. Os tractores, as ceifeiras-debulhadoras e o equipamento industrial mecanizaram as práticas agrícolas, conduzindo a um aumento do rendimento das colheitas e da produção agrícola.

Transporte marítimo e ferroviário

Os motores e locomotivas a diesel revolucionaram a navegação marítima e o transporte ferroviário, facilitando o comércio, a logística e as viagens de passageiros a uma escala global. As locomotivas e navios diesel-eléctricos permitiram o transporte eficiente de carga e o comércio marítimo.

Desafios ambientais e tecnológicos

Impacto ambiental

A utilização generalizada de combustíveis fósseis em motores de combustão interna contribuiu para a poluição atmosférica, as emissões de gases com efeito de estufa e as alterações climáticas. As inovações no controlo das emissões, os combustíveis alternativos e as tecnologias híbridas-eléctricas procuram atenuar os impactos ambientais e promover a sustentabilidade.

Inovações tecnológicas

Os avanços na eficiência dos motores, a hibridação e a eletrificação estão a impulsionar a transição para veículos e máquinas mais limpos e eficientes em termos de combustível. Os veículos eléctricos (VE), as células de combustível de hidrogénio e as tecnologias autónomas representam o futuro da inovação e da sustentabilidade dos transportes.

Legado e direcções futuras

Legado de inovação

O legado do motor de combustão interna inclui o crescimento económico, a industrialização e a transformação da sociedade ao longo do último século. A sua evolução continua a moldar a indústria automóvel, as políticas energéticas e as tendências de mobilidade global no século XXI.

Tendências e inovações futuras

As tecnologias emergentes, como a propulsão eléctrica, os veículos autónomos e os combustíveis renováveis, estão preparadas para redefinir os sectores dos transportes e da indústria. A mudança para a mobilidade sustentável e a diversificação energética anuncia uma nova era de inovação, eficiência e gestão ambiental.

Conclusão

O motor de combustão interna exemplifica o engenho humano e as proezas da engenharia, alimentando a prosperidade económica, a mobilidade social e o avanço industrial. À medida que enfrentamos os desafios da sustentabilidade ambiental e da inovação tecnológica, o legado do ICE serve como testemunho do poder transformador da invenção na formação do mundo moderno.

Capítulo 9: Vacinação: Erradicação de doenças e melhoria da saúde pública

Introdução

A vacinação é uma das inovações médicas mais significativas da história da humanidade, salvando inúmeras vidas e erradicando doenças mortais. Este capítulo explora as origens, o desenvolvimento, o impacto e os desafios actuais da vacinação na saúde global e nas políticas públicas.

Contexto histórico e primeiras vacinas

Origens da vacinação

O conceito de vacinação remonta à China e à Índia antigas, onde a variolação - a inoculação deliberada do vírus da varíola - era praticada para induzir a imunidade. No século XVIII, Edward Jenner foi o pioneiro da vacinação moderna com o desenvolvimento da vacina contra a varíola utilizando o vírus da varíola bovina.

Erradicação da varíola

As campanhas globais de vacinação lideradas pela Organização Mundial de Saúde (OMS) erradicaram com êxito a varíola em 1980, constituindo um marco histórico no domínio da saúde pública. As campanhas de vacinação visaram regiões endémicas e alcançaram uma elevada cobertura vacinal, demonstrando a eficácia da imunização em massa.

Expansão dos programas de vacinação

Imunização infantil

O desenvolvimento de vacinas para doenças como a poliomielite, o sarampo, a papeira e a rubéola transformou a saúde infantil e as taxas de mortalidade em todo o mundo. Programas de imunização de rotina, apoiados por governos e organizações internacionais, previnem surtos e protegem populações vulneráveis.

Iniciativas de saúde globais

As parcerias e iniciativas internacionais, como o Programa Alargado de Vacinação (PAI), alargaram o acesso às vacinas a países de baixo rendimento e regiões remotas. Os esforços para distribuir vacinas, melhorar a logística da cadeia de frio e educar as comunidades aumentam a cobertura e a eficácia das vacinas.

Avanços tecnológicos e desenvolvimento de vacinas

Inovação em vacinas

Os avanços na imunologia, biologia molecular e tecnologia de vacinas aceleraram o desenvolvimento de novas vacinas contra doenças infecciosas emergentes e ameaças globais à saúde. As vacinas de ARNm, as vacinas de vectores virais e as vacinas recombinantes representam abordagens de ponta na investigação e desenvolvimento de vacinas.

Segurança e eficácia da vacina

Estruturas regulamentares rigorosas garantem a segurança, a eficácia e a qualidade das vacinas através de ensaios clínicos, vigilância pós-comercialização e farmacovigilância. A confiança do público nos programas de vacinação assenta numa comunicação transparente, em recomendações baseadas em provas e na confiança nas vacinas.

Desafios e controvérsias

Hesitação em relação à vacina e desinformação

A hesitação em vacinar, alimentada por desinformação, desconfiança e crenças culturais, coloca desafios à obtenção de uma elevada cobertura vacinal. A abordagem da hesitação em relação às vacinas requer educação em saúde pública, envolvimento da comunidade e estratégias de comunicação que criem confiança nas vacinas.

Equidade e acesso

As disparidades no acesso, na distribuição e na acessibilidade económica das vacinas limitam os esforços globais de imunização, particularmente em locais com poucos recursos e em populações marginalizadas. Estratégias centradas na equidade, incluindo doações de vacinas, transferência de tecnologia e iniciativas de capacitação, promovem o acesso inclusivo às vacinas.

Perspectivas futuras e impacto na saúde mundial

Doenças Infecciosas Emergentes

A pandemia de COVID-19 veio sublinhar a urgência da preparação para a pandemia, do desenvolvimento de vacinas e da segurança sanitária mundial. Os esforços de colaboração para desenvolver vacinas contra a COVID-19, acelerar a sua disponibilização e assegurar um acesso equitativo realçaram o papel das vacinas no controlo e recuperação da pandemia.

Inovação e imunização

A investigação futura sobre vacinas visa dar resposta às ameaças emergentes, melhorar a eficácia das vacinas e desenvolver vacinas universais contra múltiplos agentes patogénicos. Os investimentos na tecnologia das vacinas, na capacidade de fabrico e nas infra-estruturas de saúde mundiais reforçam a preparação para as pandemias e a resiliência dos sistemas de saúde.

Conclusão

A vacinação exemplifica o impacto transformador da inovação médica na saúde global, na prevenção de doenças e no bem-estar da população. À medida que enfrentamos os desafios da hesitação em vacinar, da equidade e das doenças infecciosas emergentes, o legado da vacinação serve de testemunho do poder da ciência, da colaboração e das intervenções de saúde pública no combate às doenças e na melhoria da saúde humana em todo o mundo.

Capítulo 10: Antibióticos: Revolucionando a Medicina e a Saúde Pública

Introdução

Os antibióticos representam um marco na ciência médica, revolucionando o tratamento de infecções bacterianas e transformando os resultados da saúde pública. Este capítulo explora a descoberta, o desenvolvimento, o impacto e os desafios dos antibióticos no combate às doenças infecciosas e na melhoria da saúde global.

Descoberta e desenvolvimento inicial

Origens dos antibióticos

A descoberta dos antibióticos começou com a observação das propriedades antibacterianas da penicilina por Alexander Fleming, em 1928. A descoberta acidental de Fleming levou ao desenvolvimento da penicilina como o primeiro antibiótico amplamente utilizado, anunciando uma nova era na medicina.

Pioneiros dos antibióticos

Cientistas como Howard Florey e Ernst Chain desempenharam um papel crucial no isolamento e purificação da penicilina, tornando-a adequada para utilização clínica. A produção em massa de penicilina durante a Segunda Guerra Mundial salvou inúmeras vidas e preparou o terreno para o desenvolvimento de outros antibióticos.

Impacto na medicina e na saúde pública

Tratamento de doenças infecciosas

Os antibióticos revolucionaram o tratamento de infecções bacterianas como a pneumonia, a tuberculose e a sépsis, reduzindo as taxas de mortalidade e melhorando os resultados dos doentes. Os antibióticos de largo espetro, como a tetraciclina e a eritromicina, expandiram as opções de tratamento para diversos agentes patogénicos bacterianos.

Procedimentos cirúrgicos e cuidados de saúde

O advento dos antibióticos tornou os procedimentos cirúrgicos complexos mais seguros ao prevenir as infecções pós-operatórias. A profilaxia antibiótica tornou-se uma prática corrente nos estabelecimentos de saúde, reduzindo as complicações cirúrgicas e melhorando as taxas de recuperação dos doentes.

Desafios e resistências

Resistência aos antibióticos

A utilização excessiva e incorrecta de antibióticos levou ao aparecimento de bactérias resistentes aos antibióticos, o que constitui uma ameaça para a saúde mundial. A resistência antimicrobiana (RAM) limita as opções de tratamento, aumenta os custos dos cuidados de saúde e compromete os progressos no controlo das doenças infecciosas.

Desenvolvimento de novos antibióticos

Os desafios na descoberta de antibióticos, incluindo barreiras científicas e incentivos económicos, atrasaram o desenvolvimento de novos antibióticos. São necessárias inovações na descoberta de medicamentos, na gestão de antibióticos e em terapias alternativas para combater a resistência aos antibióticos e salvaguardar a saúde pública.

Implicações para a saúde mundial e direcções futuras

Acesso e equidade

As disparidades globais no acesso aos antibióticos, na sua acessibilidade económica e na vigilância da resistência dificultam os esforços de combate às doenças infecciosas em locais com poucos recursos. As estratégias para o acesso equitativo, a utilização sustentável de antibióticos e as parcerias globais no domínio da saúde são fundamentais para enfrentar os desafios da saúde mundial.

O futuro dos antibióticos e da biotecnologia

Os avanços da biotecnologia, da genómica e da biologia sintética oferecem novas oportunidades para a descoberta de antibióticos e a medicina personalizada. Estratégias como a terapia com fagos, a imunoterapia e os péptidos antimicrobianos podem complementar os antibióticos tradicionais no combate às infecções resistentes.

Conclusão

Os antibióticos representam uma pedra angular da medicina moderna, salvando vidas, prevenindo infecções e melhorando os resultados da saúde pública em todo o mundo. À medida que enfrentamos os desafios da resistência aos antibióticos e das disparidades de saúde a nível mundial, o legado dos antibióticos sublinha a necessidade contínua de inovação, gestão e colaboração no combate às doenças infecciosas e na proteção da saúde humana.

Capítulo 11: Exploração espacial: Expandir os Horizontes Humanos

Introdução

A exploração espacial representa o objetivo da humanidade de explorar o cosmos, expandir o conhecimento científico e inspirar as gerações futuras. Este capítulo analisa os marcos, as inovações e o profundo impacto da exploração espacial na ciência, na tecnologia e na sociedade em geral.

Exploração espacial inicial

Corrida espacial e era da Guerra Fria

Em meados do século XX, assistiu-se ao início da corrida espacial entre os Estados Unidos e a União Soviética, impulsionada pelas tensões geopolíticas da Guerra Fria. Os principais marcos foram o lançamento do Sputnik 1 em 1957, o primeiro satélite artificial a orbitar a Terra, e o histórico voo orbital de Yuri Gagarin a bordo do Vostok 1 em 1961, que fez dele o primeiro ser humano no espaço.

Exploração lunar e missões Apollo

O programa Apollo, iniciado pela NASA, culminou na icónica missão Apollo 11 em 1969, quando os astronautas Neil Armstrong e Buzz Aldrin se tornaram os primeiros humanos a pisar a Lua. Este feito marcou um salto monumental na exploração espacial, demonstrando as proezas tecnológicas americanas e concretizando a visão do Presidente Kennedy de colocar um homem na Lua e de o fazer regressar em segurança à Terra.

Agências espaciais e colaboração internacional

NASA e mais além

A Administração Nacional da Aeronáutica e do Espaço (NASA) tem estado na vanguarda da exploração espacial, conduzindo missões que vão desde a exploração robótica de Marte com os rovers de Marte (Spirit, Opportunity, Curiosity, Perseverance) até aos esforços de voos espaciais tripulados, como o programa do Vaivém Espacial e a Estação Espacial Internacional (ISS). As descobertas científicas, as inovações tecnológicas e o alcance educativo da NASA inspiraram gerações em todo o mundo.

Estação Espacial Internacional (ISS)

A ISS é um símbolo da cooperação internacional na exploração espacial, envolvendo agências espaciais dos Estados Unidos, Rússia, Europa, Japão e Canadá. Desde a sua criação em 1998, a ISS tem servido como um laboratório de microgravidade para a investigação científica em domínios como a biologia, a física, a astronomia e a ciência dos materiais. Também apoia experiências em fisiologia humana, medicina espacial e vida sustentável em ambientes espaciais.

Inovações tecnológicas e spin-offs

Tecnologias espaciais

Os avanços nos foguetões, na tecnologia de satélites e nos sistemas de propulsão espacial permitiram missões ambiciosas para explorar o nosso sistema solar e mais além. Inovações como a propulsão iónica, as velas solares e as comunicações no espaço profundo expandiram a nossa capacidade de alcançar planetas, asteróides e cometas distantes, recolhendo dados que aprofundam a nossa compreensão da formação e evolução planetárias.

Indústria espacial comercial

O aparecimento de empresas espaciais comerciais, incluindo a SpaceX, a Blue Origin e a Virgin Galactic, revolucionou o acesso ao espaço e as capacidades de exploração. As inovações do sector privado em foguetões reutilizáveis, na implantação de satélites e no turismo espacial estão a impulsionar a concorrência, a reduzir os custos de lançamento e a abrir novas fronteiras para empreendimentos espaciais comerciais.

Descobertas científicas e objectivos de exploração

Exploração planetária

As missões robóticas a Marte, como os Mars rovers da NASA (Curiosity, Perseverance), e as missões à lua Europa de Júpiter (Europa Clipper da NASA) têm como objetivo desvendar os mistérios da geologia planetária, a história do clima e o potencial de vida para além da Terra. As descobertas de antigos leitos de rios, indícios de água no passado e moléculas orgânicas em Marte alimentaram a curiosidade científica e as ambições de exploração.

Exploração humana e missões futuras

As futuras missões humanas têm como objetivo o regresso de astronautas à Lua no âmbito do programa Artemis da NASA e o estabelecimento de bases lunares sustentáveis para investigação científica, utilização de recursos e preparação para futuras missões tripuladas a Marte. As colaborações e parcerias internacionais no domínio da exploração espacial preparam o caminho para missões de longa duração, habitats no espaço profundo e habitação humana para além da órbita terrestre baixa.

Política espacial, ética e futuras fronteiras

Governação espacial e sustentabilidade

Os tratados internacionais, os quadros de política espacial e as considerações éticas regem as actividades espaciais, promovendo a exploração responsável, a proteção ambiental e a preservação do património celeste. Desafios como a atenuação dos detritos espaciais, a proteção planetária e o acesso equitativo aos recursos espaciais moldam a governação global e os quadros regulamentares.

Fronteiras do Futuro: Viagens interestelares e mais além

Conceitos como sondas interestelares, telescópios espaciais (Telescópio Espacial James Webb) e exploração de exoplanetas desafiam os actuais limites tecnológicos e inspiram missões visionárias a estrelas e galáxias distantes. Os avanços na propulsão, na geração de energia e na inteligência artificial podem desbloquear o potencial para o futuro da humanidade como civilização interestelar, explorando exoplanetas habitáveis e procurando sinais de vida extraterrestre.

Conclusão

A exploração espacial personifica a curiosidade, a ambição e a procura de conhecimento do universo por parte da humanidade. Desde as aterragens históricas na Lua até às missões robóticas a Marte e mais além, a exploração espacial inspira a descoberta científica, a inovação tecnológica e a colaboração global para expandir os horizontes humanos e compreender o nosso lugar no cosmos. À medida que enfrentamos os desafios da exploração espacial sustentável, da cooperação internacional e das considerações éticas, o legado da exploração espacial sublinha o impacto transformador da descoberta científica e do engenho humano na definição do futuro da exploração espacial e da exploração para além da órbita da Terra.

Capítulo 12: A Revolução Verde: Transformar a agricultura e a segurança alimentar

Introdução

A Revolução Verde representa um período de transformação na agricultura, caracterizado por inovações no cultivo de culturas, irrigação e práticas agrícolas. Este capítulo explora as origens, o impacte e o significado global da Revolução Verde no aumento da produção alimentar, na redução da fome e na definição do desenvolvimento agrícola a nível mundial.

Origens e Inovadores

Desafios agrícolas

Em meados do século XX, o crescimento da população mundial, a escassez de alimentos e as vulnerabilidades agrícolas motivaram esforços para aumentar o rendimento das culturas e melhorar a segurança alimentar. Cientistas, decisores políticos e investigadores agrícolas colaboraram para enfrentar estes desafios através da inovação científica e dos avanços tecnológicos.

Norman Borlaug e a inovação agrícola

O Dr. Norman Borlaug, laureado com o Prémio Nobel da Paz, desempenhou um papel fundamental no desenvolvimento de variedades de trigo de elevado rendimento e na promoção da intensificação agrícola nos países em desenvolvimento. O seu trabalho lançou as bases para o impacto da Revolução Verde na agricultura global e na produção alimentar.

Avanços tecnológicos e práticas agrícolas

Variedades de culturas de elevado rendimento

O desenvolvimento e a adoção generalizada de variedades de culturas de elevado rendimento, como o trigo e o arroz anão, aumentaram a produtividade agrícola e a resistência das culturas a pragas, doenças e condições ambientais adversas. As sementes híbridas e as técnicas de cultivo melhoradas transformaram as práticas agrícolas e aumentaram o rendimento das culturas.

Irrigação e gestão da água

Os avanços nos sistemas de irrigação, incluindo a irrigação gota a gota e as tecnologias de poupança de água, aumentaram a eficiência da água na agricultura. Projectos de irrigação em grande escala, como a construção de barragens e esquemas de desvio de água, apoiaram a agricultura intensiva e expandiram as terras aráveis.

Impacto na segurança alimentar e no desenvolvimento económico

Aumento da produção alimentar

A Revolução Verde conduziu a aumentos significativos da produção de cereais, reduzindo a fome e a subnutrição em muitas partes do mundo. Países como a Índia, o México e as Filipinas registaram excedentes agrícolas e alcançaram a autossuficiência na produção alimentar, melhorando o acesso aos alimentos e os resultados nutricionais.

Crescimento económico e desenvolvimento rural

A intensificação da agricultura estimulou o crescimento económico, o emprego rural e o desenvolvimento de infra-estruturas nas economias agrárias. A melhoria do acesso aos factores de produção agrícola, às facilidades de crédito e às redes de mercado reforçou os rendimentos agrícolas, os meios de subsistência e os meios de vida rurais.

Implicações ambientais e sociais

Sustentabilidade ambiental

As práticas agrícolas intensivas, incluindo a utilização de fertilizantes químicos e pesticidas, suscitaram preocupações quanto à degradação dos solos, à poluição da água e à perda de biodiversidade. As iniciativas de agricultura sustentável, as abordagens agroecológicas e a agricultura biológica promovem a gestão ambiental e a resiliência dos sistemas agrícolas.

Equidade social e desenvolvimento inclusivo

Os benefícios da Revolução Verde foram distribuídos de forma desigual pelas regiões, agravando as disparidades no acesso aos recursos, na produtividade agrícola e no desenvolvimento rural. As iniciativas de equidade social, as políticas de inclusão do género e os programas agrícolas baseados na comunidade visam resolver as desigualdades e capacitar os pequenos agricultores.

Desafios futuros e agricultura sustentável

Práticas agrícolas sustentáveis

Os actuais desafios agrícolas, incluindo as alterações climáticas, a escassez de recursos e a insegurança alimentar, exigem práticas agrícolas sustentáveis e sistemas agrícolas resilientes. A agroecologia, a agricultura de precisão e as tecnologias digitais oferecem vias para aumentar a produtividade, conservar os recursos naturais e atenuar o impacto ambiental.

Inovação e sistemas alimentares

As inovações tecnológicas, os avanços biotecnológicos e a engenharia genética são promissores para desenvolver culturas resistentes ao clima, aumentar o valor nutricional e melhorar a produtividade agrícola. As abordagens integradas dos sistemas alimentares, desde a exploração agrícola até à mesa, promovem a segurança alimentar, a sustentabilidade e o acesso equitativo a alimentos nutritivos.

Conclusão

A Revolução Verde exemplifica o impacto transformador da inovação agrícola na segurança alimentar global, no desenvolvimento económico e na sustentabilidade ambiental. À medida que enfrentamos os desafios da agricultura sustentável, da resiliência climática e do crescimento inclusivo, o legado da Revolução Verde sublinha o papel fundamental da inovação, da colaboração e da gestão ética na definição do futuro da agricultura e na garantia da segurança alimentar para as gerações vindouras.

Conclusão

Ao longo da história, a humanidade assistiu a inovações notáveis que remodelaram sociedades, economias e a nossa compreensão do mundo. Desde as invenções antigas que lançaram as bases da civilização até aos avanços tecnológicos modernos que nos impulsionam para o futuro, as inovações têm sido catalisadoras do progresso, da transformação e da interligação à escala global.

Este livro, "Innovations That Changed the World", explorou um conjunto diversificado de inovações revolucionárias em vários domínios, ilustrando o seu profundo impacto e legado duradouro. Desde a imprensa e a máquina a vapor até à Internet, à inteligência artificial e muito mais, cada inovação contribuiu para moldar o tecido da civilização humana e a forma como vivemos, trabalhamos, comunicamos e exploramos.

Reflexão sobre temas-chave

Impacto transformacional

As inovações analisadas neste livro transformaram fundamentalmente a existência humana. A imprensa democratizou o conhecimento, tornando a informação acessível às massas e alimentando o Renascimento e o Iluminismo. A máquina a vapor impulsionou a Revolução Industrial, impulsionando o crescimento económico, a urbanização e a industrialização. O telefone revolucionou a comunicação, diminuindo as distâncias e ligando pessoas de todos os continentes em tempo real.

Avanços tecnológicos

As inovações tecnológicas têm impulsionado o progresso em diversos domínios, desde os transportes e a medicina à agricultura, à energia e à exploração espacial. Os avanços na ciência, na engenharia e na informática aceleraram os ciclos de inovação, permitindo descobertas nos domínios da robótica, da biotecnologia, das energias renováveis e da inteligência artificial.

Conectividade global

A interligação facilitada por inovações como a Internet fomentou uma comunidade global, transcendendo as fronteiras geográficas e as clivagens culturais. As plataformas digitais, as redes sociais e o comércio eletrónico revolucionaram o comércio, a comunicação e a interação social, criando novas oportunidades de colaboração, aprendizagem e intercâmbio cultural à escala global.

Desafios e oportunidades que se avizinham

Embora as inovações tenham trazido benefícios e oportunidades sem precedentes, também apresentam desafios e considerações éticas. Questões como a fratura digital, as preocupações com a privacidade, o impacto ambiental e a utilização ética da tecnologia sublinham a necessidade de uma inovação responsável, de uma gestão ética e de um desenvolvimento inclusivo.

Olhando para o futuro

À medida que nos encontramos no limiar de uma nova era marcada pelo rápido avanço tecnológico e pela interconexão global, o futuro é promissor e tem potencial para mais inovação e descoberta. Tecnologias emergentes como a computação quântica, a edição de genes, as soluções de energia renovável e a exploração espacial prometem redefinir as capacidades humanas, enfrentar os desafios globais e abrir novas fronteiras de conhecimento e possibilidades.

Apelo à ação

Ao abraçarmos as lições e os legados das inovações do passado, somos chamados a aproveitar o poder da inovação de forma responsável, ética e inclusiva. Os esforços de colaboração entre disciplinas, sectores e fronteiras serão essenciais para abordar questões globais prementes, incluindo as alterações climáticas, as disparidades na saúde, os objectivos de desenvolvimento sustentável e as desigualdades sociais.

Considerações finais

"Inovações que mudaram o mundo" celebra o espírito do engenho humano, a perseverança e a criatividade que impulsionaram a civilização. À medida que navegamos pelas complexidades de um mundo interligado, inspiremo-nos no impacto transformador da inovação e do esforço coletivo na construção de um futuro melhor para todos.

Que esta exploração de inovações sirva de testemunho do poder duradouro das ideias, da resiliência do espírito humano e do potencial ilimitado da inovação para criar um mundo mais inclusivo, sustentável e próspero para as gerações vindouras.

Referências

Abernathy, W.J. e Utterback, J.M. (1978) "Patterns of industrial innovation", *Technology Review,* vol. 80, n.º 7, pp. 40-7.

Baregheh, A., Rowley, J. e Sambrook, S. (2009) "Towards a multidisciplinary definition of innovation", *Management Decision,* vol. 47, n.º 8, pp. 1323-39.

Barras, R. (1986) "Towards a theory of innovation in services", *Research Policy,* vol. 15, no. 4, pp. 161-73.

Bartol, K.M. e Martin, D.C. (1998) *Management,* 3rd edn, Boston, MA, Irwin/McGraw-Hill.

Birkinshaw, J., Hamel, G. e Mol, M.J. (2008) "Management innovation", *Academy of Management Review,* vol. 33, no. 4, pp. 825-45.

BIS (2011) *Innovation and Research Strategy for Growth,* Department for Business Innovation and Skills.

Brown, D. (1997) *Innovation Management Tools: a Review of Selected Methodologies,* Luxemburgo, Comissão Europeia Direção-Geral XIII Telecomunicações, Mercado da Informação e Exploração da Investigação.

Castells, M. (1996) *The Rise of the Network Society,* Cambridge, MA, Blackwell.

Edgerton, D. (2008) *The Shock of the Old: Technology and Global History since 1990,* Londres, Profile Books.

Fleck, J. (1994) "Learning by trying: the implementation of configurational technology", *Research Policy,* vol. 23, pp. 637-52.

Godin, B. (2008) "In the shadow of Schumpeter: W. Rupert Maclaurin e o estudo da inovação tecnológica", *Minerva,* vol. 46, no. 3, pp. 343-60.

Gordon, R. (2012) "Is US economic growth over? Faltering innovation confronts the six headwinds", *CEPR Policy Insight No. 63* [em linha], http:// www.cepr.org/pubs/PolicyInsights/PolicyInsight63.pdf (Acedido em 13 de janeiro de 2013).

Harvey, D. (2010) *The Enigma of Capital*, Londres, Profile Books.

Printed by Books on Demand GmbH, Norderstedt / Germany